Puja Acharya

Descrição geral de "Antena inteligente: Revolucionar a comunicação sem fios"

Puja Acharya

Descrição geral de "Antena inteligente: Revolucionar a comunicação sem fios"

ScienciaScripts

Imprint

Any brand names and product names mentioned in this book are subject to trademark, brand or patent protection and are trademarks or registered trademarks of their respective holders. The use of brand names, product names, common names, trade names, product descriptions etc. even without a particular marking in this work is in no way to be construed to mean that such names may be regarded as unrestricted in respect of trademark and brand protection legislation and could thus be used by anyone.

Cover image: www.ingimage.com

This book is a translation from the original published under ISBN 978-620-7-80779-6.

Publisher:
Sciencia Scripts
is a trademark of
Dodo Books Indian Ocean Ltd. and OmniScriptum S.R.L publishing group

120 High Road, East Finchley, London, N2 9ED, United Kingdom
Str. Armeneasca 28/1, office 1, Chisinau MD-2012, Republic of Moldova, Europe
Printed at: see last page
ISBN: 978-620-7-86122-4

Descrição geral de "Antena inteligente: Revolucionar a comunicação sem fios"

Um livro de

Dr. Puja Acharya

Professor Assistente

Universidade K.R. Mangalam

Gurugram, Índia

Prefácio

"Antena Inteligente: Revolutionizing Wireless Communication" investiga a tecnologia transformadora das antenas inteligentes, que desempenham um papel crucial na melhoria dos sistemas de comunicação sem fios. O livro fornece uma compreensão abrangente dos princípios, da conceção e das aplicações das antenas inteligentes, tornando-o uma leitura essencial para estudantes, engenheiros e investigadores na área das telecomunicações.

Índice

Capítulo 1: Fundamentos da teoria das antenas

1.1 Introdução às antenas

As antenas são componentes críticos em qualquer sistema de comunicação sem fios, actuando como interface entre o transmissor e o espaço livre ou o recetor e o espaço livre. Esta secção apresenta a definição básica de uma antena, a sua finalidade e a sua importância nas comunicações sem fios. Também fornece uma visão histórica do desenvolvimento de antenas, desde as primeiras invenções até os projetos modernos.

1.2 Radiação electromagnética

A radiação electromagnética é o fenómeno através do qual as antenas transmitem e recebem sinais. Envolve a propagação de ondas electromagnéticas através do espaço. Estas ondas são constituídas por campos eléctricos e magnéticos oscilantes, que se deslocam perpendicularmente entre si e à direção de propagação da onda.

1.2.1 Equações de Maxwell

A base da teoria electromagnética assenta nas equações de Maxwell [1]. [Estas quatro equações descrevem a forma como os campos eléctricos e magnéticos são gerados e alterados uns pelos outros e por cargas e correntes:

1. **Lei de Gauss para a eletricidade**: Descreve a relação entre um campo elétrico estático e as cargas eléctricas que o provocam.

$$\nabla \cdot \mathbf{E} = \frac{\rho}{\epsilon_0}$$

2. **Lei de Gauss para o Magnetismo**: Afirma que não existem monopólos magnéticos; o fluxo magnético líquido através de qualquer superfície fechada é zero.

$$\nabla \cdot \mathbf{B} = 0$$

3. **Lei da Indução de Faraday**: Descreve como um campo magnético variável no tempo induz um campo elétrico.

$$\nabla \times \mathbf{E} = -\frac{\partial \mathbf{B}}{\partial t}$$

4. **Lei de Ampère (com a correção de Maxwell)**: Mostra como um campo elétrico variável no tempo e uma corrente eléctrica produzem um campo magnético.

$$\nabla \times \mathbf{B} = \mu_0 \mathbf{J} + \mu_0 \epsilon_0 \frac{\partial \mathbf{E}}{\partial t}$$

1.2.2 Propagação de ondas

Propagação de ondas: As ondas electromagnéticas propagam-se através de diferentes meios, que podem afetar a sua velocidade, direção e intensidade. A velocidade da luz c no vácuo é dada por:

$$c = \frac{1}{\sqrt{\mu_0 \epsilon_0}}$$

Onde μ_0 é a permeabilidade do espaço livre e ϵ_0 é a permissividade do espaço livre.

Num meio que não seja o vácuo, a velocidade v é:

$$v = \frac{c}{\sqrt{\mu_r \epsilon_r}}$$

Em que μ_r e ϵ_r são a permeabilidade e a permissividade relativas do meio, respetivamente.

- **Polarização**: A polarização refere-se à orientação do vetor do campo elétrico em ondas electromagnéticas. É uma propriedade fundamental das ondas, incluindo sinais de luz, rádio e micro-ondas, que descreve a orientação geométrica das oscilações. No contexto das antenas inteligentes, a polarização desempenha um papel fundamental na conceção, desempenho e aplicação de sistemas de antenas.

Compreender a polarização é essencial para otimizar o desempenho da antena, melhorar a receção do sinal e reduzir as interferências.

Tipos de Polarização

- **Polarização linear**: Na polarização linear, o vetor do campo elétrico oscila num único plano ao longo da direção de propagação da onda. Esse plano pode ser vertical, horizontal ou em qualquer ângulo específico. A polarização linear é normalmente utilizada em vários sistemas de comunicação devido à sua simplicidade e facilidade de implementação.

- **Polarização Vertical**: O campo elétrico oscila verticalmente. Este tipo de polarização é frequentemente utilizado na televisão e nas comunicações móveis.

- **Polarização horizontal**: O campo elétrico oscila horizontalmente. É utilizada em aplicações como o radar e a comunicação por satélite.

1. **Polarização oblíqua**: O campo elétrico oscila num ângulo entre a vertical e a horizontal. Este tipo é menos comum, mas pode ser utilizado em determinadas aplicações especializadas.

- **Polarização circular**: Na polarização circular, o vetor do campo elétrico roda num movimento circular à medida que a onda se propaga. Pode ser uma polarização circular à direita (RHCP) ou uma polarização circular à esquerda (LHCP), dependendo da direção de rotação.

- **Polarização circular direita (RHCP)**: O vetor do campo elétrico roda no sentido dos ponteiros do relógio quando visto na direção de propagação da onda.

- **Polarização circular esquerda (LHCP)**: O vetor do campo elétrico roda no sentido contrário ao dos ponteiros do relógio quando visto na direção da propagação da onda. A polarização circular é benéfica em ambientes onde a orientação da antena recetora é desconhecida ou varia, como em sistemas de satélite e GPS.

- **Polarização elíptica**: A polarização elíptica é uma forma geral de polarização em que o vetor do campo elétrico traça uma elipse num plano perpendicular à direção de propagação. Ela pode ser vista como um estado intermediário entre a polarização linear e a circular. A forma e a orientação da elipse são caracterizadas pela relação axial e pelo ângulo de inclinação.

- **Polarização no projeto de antenas:** A escolha da polarização é crucial no design da antena, influenciando factores como a intensidade do sinal, a interferência e a compatibilidade com outros sistemas. As antenas podem ser projetadas para irradiar ou receber polarizações específicas para otimizar o desempenho de aplicações específicas.

i. **Correspondência de polarização**: Para obter a máxima transferência de sinal, as antenas de transmissão e receção devem ter a mesma polarização. Polarizações incompatíveis podem levar à perda de polarização, reduzindo a intensidade do sinal. Por exemplo, o ideal é que uma antena de transmissão polarizada verticalmente seja emparelhada com uma antena de receção polarizada verticalmente.

ii. **Antenas de polarização dupla**: Estas antenas são capazes de transmitir e receber sinais em duas polarizações ortogonais, lineares ou circulares. São úteis em sistemas MIMO (Multiple Input Multiple Output) e podem melhorar as taxas de dados e a fiabilidade através da exploração da diversidade de polarização.

iii. **Diversidade de polarização**: A utilização de várias antenas com polarizações diferentes pode atenuar os efeitos da interferência multipercurso e do desvanecimento. A diversidade de polarização tira partido do facto de as ondas com polarizações diferentes poderem sofrer condições de propagação diferentes, o que conduz a ligações de comunicação mais robustas.

iv. **Antenas reconfiguráveis**: Os designs avançados de antenas permitem alterações dinâmicas na polarização para se adaptarem a condições e requisitos de sinal variáveis. Estas antenas reconfiguráveis podem alternar entre diferentes polarizações ou gerar estados de polarização arbitrários para otimizar o desempenho em tempo real.

Polarização em sistemas de antenas inteligentes

As antenas inteligentes, também conhecidas como antenas adaptativas ou inteligentes, utilizam técnicas avançadas de processamento de sinais para ajustar dinamicamente os seus padrões de radiação e otimizar o desempenho das comunicações. A polarização desempenha um papel importante nestes sistemas, aumentando a sua capacidade de lidar com ambientes de comunicação complexos.

i. **Formação de feixes e controlo de polarização**: As antenas inteligentes utilizam algoritmos de formação de feixes para direcionar os seus padrões de radiação para as fontes de sinal desejadas, minimizando a interferência. Ao incorporar o controlo de polarização, as antenas inteligentes podem melhorar ainda mais a qualidade do sinal e reduzir a interferência de polarização cruzada.

ii. **Diversidade de polarização em sistemas MIMO**: As antenas inteligentes em sistemas MIMO utilizam várias antenas com polarizações diferentes para transmitir e receber vários fluxos de dados em simultâneo.[2] Esta abordagem aumenta a capacidade do canal e melhora a fiabilidade da ligação, tornando-a ideal para aplicações de elevada taxa de dados, como a 5G e outras.

iii. **Mitigação de interferências**: A polarização pode ser usada para reduzir a interferência em sistemas de antenas inteligentes. Ao ajustar a polarização dos sinais transmitidos, as antenas inteligentes podem minimizar a interferência de fontes com polarizações diferentes, melhorando o desempenho geral do sistema.

iv. **Polarização adaptativa**: As antenas inteligentes podem ajustar dinamicamente os seus estados de polarização com base nas condições do canal em tempo real. Esta adaptabilidade permite uma óptima receção e transmissão de sinal, mesmo em ambientes desafiantes com condições variáveis de multipercurso e interferência.

Medição e calibração da polarização: A medição e a calibração exactas da polarização são essenciais para o funcionamento eficaz dos sistemas de antenas inteligentes. São utilizadas várias técnicas e ferramentas para garantir o alinhamento preciso da polarização e para caraterizar as propriedades de polarização das antenas.

Técnicas de medição de polarização:

i. **Câmaras anecóicas:** Estas instalações proporcionam ambientes controlados para a medição exacta das propriedades de polarização da antena, livres de interferências e reflexões externas.

ii. **Medidores de polarização:** Instrumentos especializados que medem o estado de polarização das ondas electromagnéticas, fornecendo informações sobre a relação axial, o ângulo de inclinação e o sentido da polarização.

iii. **Analisadores de rede:** Estes dispositivos podem medir a amplitude e a fase dos sinais, permitindo a caraterização da polarização através da análise da resposta das antenas a diferentes sinais de entrada.

iv. **Procedimentos de calibração:** A calibração regular dos sistemas de antena é necessária para manter um desempenho preciso da polarização. A calibração envolve o ajuste da antena e da configuração de medição para levar em conta quaisquer erros sistemáticos ou desvios no sistema.

Aplicações de polarização em antenas inteligentes

A polarização é utilizada em várias aplicações para melhorar o desempenho e a fiabilidade dos sistemas de comunicação.

- **Comunicação sem fios:** A diversidade e o controlo da polarização são amplamente utilizados em sistemas de comunicação sem fios, incluindo redes celulares, Wi-Fi e Bluetooth, para melhorar a qualidade do sinal e reduzir as interferências.

- **Comunicação por satélite:** A polarização circular é normalmente utilizada nas comunicações por satélite para garantir uma receção consistente do sinal, independentemente da orientação do satélite em relação à estação terrestre.

- **Sistemas de radar:** A polarização é utilizada em sistemas de radar para melhorar a deteção e identificação de alvos, discriminando entre diferentes tipos de alvos com base nas suas assinaturas de polarização.

- **Deteção remota**: As técnicas de polarização são utilizadas em aplicações de deteção remota para extrair informações adicionais sobre a superfície e a atmosfera da Terra, como a vegetação, a humidade do solo e as partículas atmosféricas.

- **Comunicação militar**: O controlo e a diversidade da polarização são cruciais nos sistemas de comunicação militar para garantir uma comunicação fiável e segura em ambientes difíceis com elevados níveis de interferência e empastelamento.

Desafios e direcções futuras

Embora a polarização ofereça inúmeras vantagens para os sistemas de antenas inteligentes, é necessário enfrentar vários desafios para explorar plenamente o seu potencial.

- **Complexidade e custo**: A implementação de técnicas avançadas de polarização pode aumentar a complexidade e o custo dos sistemas de antena. Os esforços de investigação e desenvolvimento centram-se na procura de soluções rentáveis que equilibrem o desempenho e a acessibilidade.

- **Efeitos ambientais**: Os ambientes do mundo real podem afetar os estados de polarização devido a reflexões, dispersão e absorção. Estão a ser desenvolvidos algoritmos avançados de processamento de sinais para atenuar estes efeitos e manter um desempenho de polarização ótimo.

- **Padronização**: À medida que a utilização da polarização nos sistemas de comunicação aumenta, são necessários procedimentos normalizados de medição e calibração para garantir a compatibilidade e a interoperabilidade entre diferentes sistemas.

- **Integração com tecnologias emergentes**: A integração de técnicas de polarização com tecnologias emergentes, como 5G, IoT e veículos autónomos, apresenta novas oportunidades e desafios. A investigação está em curso para desenvolver soluções inovadoras que aproveitem a polarização para melhorar o desempenho nestas aplicações.

1.3 Parâmetros da antena: Para compreender completamente o desempenho da antena, devem ser considerados vários parâmetros-chave. Estes parâmetros ajudam a descrever a forma como uma antena transmite e recebe ondas electromagnéticas.

1.3.1 Padrão de radiação

O padrão de radiação de uma antena é uma representação gráfica das propriedades de radiação da antena em função do espaço. Mostra como a intensidade da radiação varia com a direção. Existem dois tipos principais de padrões de radiação:

- **Omnidirecional**: Irradia igualmente em todas as direcções num único plano.

- **Direcional**: Irradia mais potência em direcções específicas.

Os padrões de radiação podem ser representados em gráficos bidimensionais ou tridimensionais. Estes padrões são cruciais para compreender o desempenho das antenas em diferentes ambientes.

1.3.2 Ganho

O ganho é uma medida de quanta potência é transmitida na direção do pico de radiação em relação à de uma fonte isotrópica. Combina a directividade da antena e a sua eficiência. O ganho é normalmente expresso em decibéis (dB).

$$G = \eta\, D$$

Em que G é o ganho, η é a eficiência e D é a directividade.

1.3.3 Directividade

A directividade é a medida de quão focado é o padrão de radiação da antena numa determinada direção, em comparação com um radiador isotrópico. Ela é dada por:

$$D = \frac{4\pi U}{P_{in}}$$

Onde U é a intensidade da radiação e Pin é a potência total de entrada.

1.3.4 Eficiência

A eficiência é a relação entre a potência irradiada pela antena e a potência total de entrada fornecida à antena. Contabiliza as perdas devidas à resistência, incompatibilidade e outros factores.

1.3.5 Largura de banda

A largura de banda é a gama de frequências em que a antena funciona eficazmente. É tipicamente definida como a gama de frequências dentro da qual o desempenho (por exemplo, ganho, VSWR) permanece dentro de limites aceitáveis.

1.3.6 Polarização

A polarização refere-se à orientação do campo elétrico da onda electromagnética. Os tipos comuns incluem polarização linear (horizontal ou vertical), polarização circular e polarização elíptica. O alinhamento correto da polarização das antenas de transmissão e receção é crucial para uma comunicação eficaz.

1.3.7 Correspondência de impedância

A impedância de entrada de uma antena é a relação entre a tensão e a corrente nos terminais da antena. Para obter a máxima transferência de potência, a impedância da antena deve coincidir com a impedância da linha de transmissão. Essa condição minimiza reflexões e perdas.

1.4 Tipos de antenas

Existem vários tipos de antenas, cada uma com características e aplicações únicas. A compreensão destes tipos ajuda a selecionar a antena adequada para necessidades específicas.

- **Antena Dipolo**

  A antena dipolo é uma das antenas mais simples e mais utilizadas. Consiste em dois elementos condutores, geralmente hastes metálicas, que são alimentados por uma fonte equilibrada no centro[3]. [3] O tipo mais comum é o dipolo de meia onda, em que o comprimento de cada haste é aproximadamente um quarto do comprimento de onda da frequência de operação.

- **Antena monopolar**

  A antena monopolar é semelhante à dipolar, mas consiste num único elemento condutor, normalmente montado perpendicularmente sobre um plano de terra condutor. Um exemplo comum é o monopolo de um quarto de onda, que tem um comprimento de um quarto de onda.

- **Antena de laço**

  As antenas de laço são feitas de um laço ou bobina de fio. Podem ser classificadas em loops pequenos (em que a circunferência é muito inferior a um comprimento de onda) e loops grandes (em que a circunferência é comparável a um comprimento de onda). Os loops pequenos são frequentemente utilizados para receção, enquanto os loops grandes são utilizados tanto para transmissão como para receção.

- **Antena Yagi-Uda**

  A antena Yagi-Uda, ou simplesmente antena Yagi, é constituída por um elemento de transmissão (normalmente um dipolo), um refletor e um ou mais directores. É altamente direcional e é amplamente utilizada para receção de televisão, rádio amador e outras aplicações que requerem padrões de radiação direccionais.

- **Antena Patch:** As antenas Patch, também conhecidas como antenas microstrip, são antenas planas e de baixo perfil que podem ser montadas em superfícies. São amplamente utilizadas em dispositivos móveis, sistemas GPS e outras aplicações que requerem antenas compactas e leves.

- **Antena helicoidal:** As antenas helicoidais consistem num fio helicoidal enrolado em forma de hélice. São utilizadas para aplicações que requerem polarização circular e podem ser concebidas para padrões de radiação direccionais ou omnidireccionais.

- **Antena parabólica reflectora**: As antenas parabólicas reflectoras utilizam um refletor em forma de parábola para concentrar as ondas electromagnéticas num feixe estreito. São altamente direccionais e são utilizadas em aplicações como a comunicação por satélite, o radar e a comunicação no espaço profundo.

1.5 Mecanismos de radiação

As antenas irradiam ondas electromagnéticas através de vários mecanismos. A compreensão destes mecanismos ajuda a conceber antenas com as características desejadas.

- **Radiação de elementos actuais**

  As antenas podem ser consideradas como conjuntos de pequenos elementos de corrente. A radiação destes elementos de corrente combina-se para formar o padrão de radiação global da antena. A distribuição da corrente ao longo dos elementos da antena determina o padrão de radiação resultante.

- **Princípio de Huygens**

  O princípio de Huygens afirma que cada ponto de uma frente de onda pode ser considerado como uma fonte de ondulações esféricas secundárias. A sobreposição destas ondulações forma a nova frente de onda. Este princípio ajuda a compreender como as antenas irradiam e recebem ondas electromagnéticas.

- **Radiação de abertura**

  As antenas de abertura, como os reflectores parabólicos e as antenas tipo corneta, irradiam através de uma abertura. A distribuição do campo eletromagnético ao longo da abertura determina o padrão de radiação resultante.

1.5 Modelos matemáticos e análises

Os modelos matemáticos são utilizados para analisar e prever o desempenho das antenas. Estes modelos são essenciais para a conceção de antenas que satisfaçam requisitos específicos.

- **Equação de transmissão de Friis**

A equação de transmissão de Friis descreve a potência recebida por uma antena em condições de linha de visão. Ela é dada por:

$$P_r = P_t \frac{G_t G_r \lambda^2}{(4\pi R)^2}$$

Onde Pr é a potência recebida, Pt é a potência transmitida, Gt e Gr são os ganhos das antenas de transmissão e receção, λ é o comprimento de onda e R é a distância entre as antenas.

- **Equação de radar**

A equação do radar é utilizada para prever a potência recebida por uma antena de radar. É dada por:

$$P_r = P_t \frac{G_t G_r \lambda^2}{(4\pi R)^2}$$

Em que σ é a secção transversal do radar do alvo.

- **Impedância da antena e correspondência**

A impedância de uma antena pode ser modelada e analisada usando a teoria de redes. Técnicas de casamento de impedância, como o uso de redes de casamento e baluns, são empregadas para garantir a máxima transferência de potência entre a antena e a linha de transmissão.

1.6 Considerações práticas

Nas aplicações do mundo real, devem ser tidas em conta várias considerações práticas aquando da conceção e instalação de antenas.

- **Efeitos ambientais**

O desempenho de uma antena pode ser afetado pelo seu ambiente. Factores como objectos próximos, condutividade do solo e condições meteorológicas podem influenciar o padrão de radiação, a impedância e o desempenho geral da antena.

- **Questões de segurança e regulamentação**

As antenas devem cumprir as normas de segurança e regulamentares. Estas normas regem aspectos como a potência máxima radiada, a exposição à radiação electromagnética e a interferência com outros sistemas de comunicação.

- **Material e construção**

Os materiais e as técnicas de construção utilizados nas antenas podem afetar o seu desempenho e durabilidade. Factores como a condutividade, a resistência à corrosão e a resistência mecânica devem ser considerados na seleção de materiais e na conceção de antenas.

- **Instalação e manutenção**

A instalação e manutenção adequadas são cruciais para garantir um desempenho ótimo da antena. Isto inclui considerações como a altura de montagem, a orientação, a ligação à terra e a inspeção e manutenção periódicas.

1.5 Mecanismo de radiação

Compreender a forma como as antenas irradiam é fundamental para a conceção de sistemas eficazes. Esta secção abrange:

- **Distribuição de corrente**: Como a distribuição de corrente ao longo dos elementos da antena determina o padrão de radiação.

- **Campo próximo e campo distante**: Definições e diferenças entre as regiões de campo próximo (zona reactiva) e de campo distante (zona radiativa).

- **Resistência à radiação**: A parte da resistência de uma antena que é devida à radiação de ondas electromagnéticas.

1.6 Modelação e simulação de antenas

A modelação e a simulação exactas são essenciais para a conceção e análise de antenas. Esta secção apresenta:

- **Métodos analíticos**: Métodos básicos como o método dos momentos (MoM), o método dos elementos finitos (FEM) e o método das diferenças finitas no domínio do tempo (FDTD).

- **Software de simulação**: Visão geral das ferramentas populares de simulação de antenas, como HFSS, CST Microwave Studio e FEKO.

- **Validação e teste**: Técnicas para validar os resultados da simulação com medições físicas, incluindo ensaios em câmara anecóica e ensaios em campo aberto.

1.8 Considerações práticas no projeto de antenas

A conceção de antenas práticas envolve a consideração de vários factores do mundo real. Esta secção abrange:

- **Seleção de materiais**: O impacto dos materiais no desempenho da antena, incluindo materiais condutores e dieléctricos.

- **Tamanho e fator de forma**: Como as restrições de tamanho influenciam as escolhas de design, particularmente em dispositivos móveis e IoT.

- **Factores ambientais**: Os efeitos das condições ambientais, como a temperatura, a humidade e as obstruções físicas, no desempenho da antena.

- **Considerações regulamentares**: Conformidade com as normas e regulamentos internacionais relativos a emissões e interferências electromagnéticas.

1.9 Resumo

Este capítulo conclui com um resumo dos principais pontos abordados, enfatizando o conhecimento básico necessário para compreender tópicos mais avançados da tecnologia de antenas inteligentes. Constitui uma ponte para os capítulos seguintes, que aprofundam aspectos específicos das antenas inteligentes e as suas aplicações em sistemas de comunicação modernos.

Capítulo 2: Evolução da tecnologia de antenas

Introdução

A evolução da tecnologia de antenas é uma viagem fascinante que acompanha o avanço dos sistemas de comunicação desde os primórdios da telegrafia sem fios até às sofisticadas antenas inteligentes utilizadas nas redes de comunicação sem fios actuais. Este capítulo traça o desenvolvimento histórico da tecnologia de antenas, destacando os principais marcos e inovações que moldaram o atual panorama da comunicação sem fios.

2.1 Início

- **A descoberta das ondas electromagnéticas**

A história da tecnologia de antenas começa com a descoberta das ondas electromagnéticas por James Clerk Maxwell na década de 1860. As equações de Maxwell descreviam matematicamente a propagação das ondas electromagnéticas, lançando as bases para todos os futuros desenvolvimentos na comunicação sem fios. O seu trabalho foi confirmado experimentalmente por Heinrich Hertz na década de 1880, que demonstrou a existência de ondas de rádio utilizando uma simples antena dipolo.

- **Marconi e as primeiras transmissões sem fios**

É frequentemente atribuída a Guglielmo Marconi a realização prática da comunicação sem fios. No final da década de 1890, Marconi utilizou grandes antenas monopolo para transmitir sinais de código Morse através de distâncias significativas. O seu trabalho pioneiro culminou com a primeira transmissão transatlântica sem fios em 1901, provando a viabilidade da comunicação sem fios a longa distância.

2.2 Desenvolvimento das comunicações via rádio

- **Transmissores Spark-Gap e Antenas Antigas**

As primeiras comunicações via rádio baseavam-se em transmissores de centelha, que geravam ondas electromagnéticas através de faíscas eléctricas. As antenas utilizadas nestes sistemas eram rudimentares, consistindo frequentemente em fios longos ou dipolos simples. Estas primeiras antenas eram grandes e ineficientes para os padrões modernos, mas eram suficientes para demonstrar o potencial da comunicação sem fios.

- **A ascensão dos transmissores de onda contínua (CW)**

A transição dos transmissores de centelha para os transmissores de onda contínua (CW) marcou uma melhoria significativa na comunicação por rádio. Os transmissores CW, que geram uma onda electromagnética contínua, permitiram uma transmissão de sinais mais eficiente e fiável. Este desenvolvimento exigiu designs de antenas mais sofisticados, levando à criação de antenas sintonizadas que podiam ressoar em frequências específicas.

- **O papel das antenas na Primeira Guerra Mundial**

Durante a Primeira Guerra Mundial, a comunicação via rádio tornou-se uma ferramenta militar fundamental. Este período assistiu a avanços significativos na tecnologia de antenas, incluindo o desenvolvimento de antenas direccionais que podiam focar as ondas de rádio em direcções específicas. Estas inovações melhoraram o alcance e a fiabilidade das comunicações, realçando a importância estratégica das antenas na guerra[5].

2.3 A idade de ouro da rádio e da televisão

- **Antenas de difusão**

As décadas de 1920 e 1930, frequentemente referidas como a idade de ouro da rádio, testemunharam a adoção generalizada da radiodifusão. Esta era exigiu o desenvolvimento de antenas de radiodifusão de alta potência capazes de transmitir sinais em grandes áreas. As antenas dipolo e monopolo montadas em torres tornaram-se padrão para a radiodifusão AM, enquanto as antenas Yagi-Uda foram introduzidas para aplicações de frequência mais elevada, como a radiodifusão televisiva.

- **Antena Yagi-Uda**

A antena Yagi-Uda, inventada por Shintaro Uda e Hidetsugu Yagi na década de 1920, foi um avanço significativo na tecnologia de antenas. Esta antena direcional, constituída por um elemento de transmissão, um refletor e varios directores, proporcionou um ganho elevado e uma directividade melhorada. A antena Yagi-Uda tornou se amplamente utilizada para receção de televisão e outras aplicações que requerem padrões de radiação focados.

- **Desenvolvimento de antenas de televisão**

O advento da radiodifusão televisiva nas décadas de 1930 e 1940 exigiu o desenvolvimento de novos modelos de antenas. As antenas Yagi-Uda montadas no telhado e as antenas dipolo tornaram-se comuns para a receção de sinais de televisão. Estas antenas tinham de ser cuidadosamente concebidas para funcionarem em frequências específicas correspondentes aos canais de radiodifusão televisiva.

2.4 Antenas na era do radar e das comunicações por satélite

Antenas de radar

A tecnologia de radar, desenvolvida durante a Segunda Guerra Mundial, baseou-se fortemente em designs avançados de antenas. As antenas parabólicas reflectoras, que podiam concentrar as ondas electromagnéticas em feixes estreitos, tornaram-se o padrão para os sistemas de radar. Estas antenas proporcionavam o elevado ganho e a directividade necessários para detetar objectos distantes e seguir alvos.

Antena parabólica reflectora

A antena parabólica reflectora, ou antena parabólica, utiliza um refletor em forma de parábola para concentrar as ondas de rádio recebidas num único ponto, onde é colocada uma antena de alimentação. Esta conceção oferece um elevado ganho e excelentes propriedades direccionais, tornando-a ideal para comunicações por radar e satélite. A primeira utilização prática de antenas parabólicas em sistemas de radar durante a Segunda Guerra Mundial demonstrou a sua eficácia na deteção de longo alcance.

O nascimento da comunicação por satélite

O lançamento do primeiro satélite artificial, o Sputnik, em 1957, marcou o início da era das comunicações por satélite. Foram utilizadas antenas reflectoras parabólicas terrestres para comunicar com os satélites, o que exigiu sistemas precisos de alinhamento e seguimento. Estas antenas tinham de funcionar a frequências de micro-ondas, o que exigia avanços nos materiais das antenas e nas técnicas de construção.

2.5 Miniaturização e integração

Antenas de microfita

O desenvolvimento de antenas de microfita, ou patch, na década de 1970 representou um avanço significativo na tecnologia de antenas. Estas antenas consistem num patch condutor plano sobre um substrato ligado à terra, o que as torna leves, compactas e fáceis de integrar em circuitos electrónicos. As antenas de microfita tornaram-se populares em aplicações como comunicações por satélite, GPS e telemóveis.

Antenas para comunicações móveis

O aumento das comunicações móveis nas décadas de 1980 e 1990 impulsionou a necessidade de antenas compactas, eficientes e versáteis. O desenvolvimento da infraestrutura da rede celular exigiu a conceção de antenas para estações de base e antenas para aparelhos móveis que pudessem funcionar em várias frequências e suportar um número crescente de utilizadores. Esta era assistiu à introdução de antenas omnidireccionais para estações de base e designs inovadores para dispositivos móveis, como antenas internas e antenas fractais.

Antenas Fractais

As antenas fractais utilizam formas geométricas auto-similares e repetitivas para maximizar o comprimento efetivo da antena num espaço compacto. Estas concepções oferecem capacidades de banda larga e multibanda, tornando-as adequadas para sistemas de comunicação modernos que requerem o funcionamento numa vasta gama de frequências. As antenas fractais têm sido aplicadas em vários campos, incluindo telemóveis, redes sem fios e sistemas RFID.

2.6 A era digital e as antenas inteligentes

A transição para a comunicação digital

A transição da comunicação analógica para a digital no final do século XX e início do século XXI trouxe novos desafios e oportunidades para a tecnologia de antenas. Os sistemas de comunicação digital exigem antenas capazes de suportar débitos de dados mais elevados, suportar múltiplos utilizadores e proporcionar um desempenho fiável em diversos ambientes. Esta transição estimulou o desenvolvimento de antenas inteligentes e da tecnologia MIMO (Multiple Input Multiple Output).

Formação de feixes

A formação de feixes é uma caraterística essencial das antenas inteligentes. Envolve a orientação eletrónica do conjunto de antenas para focar o padrão de radiação em direcções específicas. Esta técnica melhora a intensidade do sinal e reduz as interferências, melhorando o desempenho geral dos sistemas de comunicação sem fios. A formação de feixes é amplamente utilizada em redes celulares modernas, sistemas Wi-Fi e comunicações por satélite.

Tecnologia MIMO

A tecnologia MIMO (Multiple Input Multiple Output) utiliza várias antenas no transmissor e no recetor para melhorar o desempenho das comunicações. Ao explorar a diversidade espacial, os sistemas MIMO podem aumentar as taxas de dados, melhorar a fiabilidade e proporcionar uma melhor cobertura. A tecnologia MIMO é uma pedra angular dos padrões modernos de comunicação sem fio, como LTE e 5G.

2.7 Avanços nos materiais e na conceção das antenas

Metamateriais

Os metamateriais são materiais artificiais com propriedades electromagnéticas únicas que não se encontram na natureza. Estes materiais podem ser utilizados para conceber antenas com características de desempenho melhoradas, tais como ganho acrescido, tamanho reduzido e reconfigurabilidade. As antenas de metamateriais estão a ser exploradas para aplicações em telecomunicações, radar e sistemas de imagiologia.

Antenas reconfiguráveis

As antenas reconfiguráveis podem alterar a sua frequência de funcionamento, padrão de radiação ou polarização em resposta a sinais de controlo externos. Esta adaptabilidade torna-as ideais para aplicações que requerem flexibilidade e desempenho dinâmico, como os sistemas de rádio cognitivos e as redes sem fios da próxima geração. As antenas reconfiguráveis são normalmente implementadas utilizando materiais sintonizáveis, dispositivos MEMS (Micro-Electro-Mechanical Systems) ou elementos de comutação eletrónica.

Antenas para dispositivos IoT e vestíveis

A proliferação da Internet das Coisas (IoT) e dos dispositivos portáteis impulsionou o desenvolvimento de novos designs de antenas adaptados a estas aplicações. Os dispositivos IoT requerem frequentemente antenas compactas e de baixo consumo que possam funcionar de forma fiável em diversos ambientes. Os dispositivos portáteis necessitam de antenas leves, flexíveis e adaptadas ao corpo humano. As inovações nos materiais e técnicas de fabrico de antenas, como as antenas têxteis e as antenas impressas, estão a permitir estas novas aplicações.

2.8 Direcções futuras da tecnologia de antenas

5G e mais além

A implantação de redes 5G representa um marco importante na comunicação sem fio, com implicações significativas para a tecnologia de antenas. As redes 5G operam em frequências mais altas, como ondas milimétricas, exigindo novos designs de antena com alto ganho e recursos de formação de feixe. A maior densidade das redes 5G também exige o desenvolvimento de antenas para pequenas células e soluções inovadoras para gerenciar a interferência e maximizar a eficiência do espetro.

Integração com tecnologias emergentes

As tecnologias emergentes, como os veículos autónomos, a realidade aumentada e a robótica avançada, estão a gerar novos requisitos para o desempenho das antenas. Estas aplicações exigem antenas que possam proporcionar uma comunicação fiável em ambientes dinâmicos e difíceis. [6] A integração de antenas com tecnologias avançadas de deteção e processamento será crucial para permitir estas aplicações futuras.

Conceção sustentável de antenas

À medida que as preocupações com a sustentabilidade ambiental aumentam, há um foco crescente na conceção de antenas que sejam eficientes em termos energéticos, recicláveis e feitas de materiais amigos do ambiente. Está em curso investigação para desenvolver concepções de antenas sustentáveis que minimizem o impacto ambiental e mantenham um elevado desempenho.

Conclusão

A evolução da tecnologia de antenas é um testemunho do engenho e da inovação de cientistas e engenheiros ao longo do último século. Desde os primórdios da telegrafia sem fios até às antenas inteligentes de vanguarda dos nossos dias, as antenas têm desempenhado um papel fundamental para permitir o rápido avanço dos sistemas de comunicação. Ao olharmos para o futuro, os avanços contínuos na tecnologia de antenas serão essenciais para satisfazer as crescentes exigências do nosso mundo interligado.

Capítulo 3: Introdução às antenas inteligentes

Introdução

As antenas inteligentes representam um avanço transformador na tecnologia de comunicação sem fios. Ao contrário das antenas tradicionais, que têm padrões de radiação fixos, as antenas inteligentes podem ajustar dinamicamente os seus padrões de radiação para otimizar a transmissão e receção de sinais. Esta capacidade permite um melhor desempenho de comunicação, maior capacidade e maior fiabilidade. Neste capítulo, exploraremos o conceito de antenas inteligentes, seus tipos, funcionalidades, benefícios e as tecnologias subjacentes que as tornam possíveis.

3.1 O que são antenas inteligentes?

As antenas inteligentes, também conhecidas como antenas adaptativas ou inteligentes, são sistemas de antenas equipados com capacidades de processamento de sinais que lhes permitem adaptar-se ao seu ambiente. Utilizam múltiplos elementos de antena e algoritmos avançados para controlar dinamicamente a direção e a forma dos seus padrões de radiação. Esta adaptabilidade permite que as antenas inteligentes concentrem a sua energia nos sinais desejados, minimizando a interferência de fontes indesejadas.

- Princípios básicos

O princípio fundamental por trás das antenas inteligentes é a formação de feixes, uma técnica que envolve o ajuste da fase e da amplitude dos sinais em cada elemento da antena para criar um padrão de radiação específico. [7] Ao fazê-lo, as antenas inteligentes podem orientar os seus feixes para os utilizadores pretendidos e afastar-se das fontes de interferência. Isto é conseguido através de dois processos principais: formação de feixes e direção de feixes.

- Contexto histórico

O conceito de antenas inteligentes remonta a aplicações militares, nomeadamente sistemas de radar e sonar, em que as antenas de matriz faseada eram utilizadas para detetar e seguir alvos. Com o avanço do processamento digital de sinais e a crescente procura de comunicações sem fios eficientes, os princípios dos conjuntos de fases foram adaptados aos sistemas de comunicação comerciais, conduzindo ao desenvolvimento de antenas inteligentes.

3.2 Tipos de antenas inteligentes

As antenas inteligentes podem ser classificadas em vários tipos com base na sua arquitetura e funcionalidades. Os dois tipos principais são as antenas de feixe comutado e as matrizes adaptativas.

- Antenas de feixe comutado

As antenas de feixe comutado consistem em vários padrões de radiação predefinidos, cada um cobrindo um sector específico. O sistema selecciona o padrão de feixe mais adequado com base na localização do utilizador. Embora não sejam tão flexíveis como as matrizes adaptativas, as antenas de feixe comutado são mais simples de implementar e proporcionam melhorias significativas em relação às antenas tradicionais.

- Arquitetura

Os sistemas de feixe comutado utilizam um conjunto de elementos de antena e uma rede de formação de feixes para gerar vários feixes fixos. Cada feixe cobre um sector angular específico e o sistema alterna entre estes feixes com base na intensidade do sinal recebido de diferentes direcções.

- Funcionamento

Em funcionamento, um sistema de antena de feixe comutado monitoriza continuamente a intensidade do sinal recebido de diferentes feixes. Selecciona o feixe com a intensidade de sinal mais elevada, concentrando assim a sua energia na direção do utilizador pretendido. Esta abordagem melhora a qualidade do sinal e reduz a interferência de outras direcções.

- Matrizes adaptativas

As matrizes adaptativas, também conhecidas como antenas totalmente adaptativas ou de formação de feixe digital, oferecem maior flexibilidade e desempenho em comparação com os sistemas de feixe comutado. Ajustam continuamente os seus padrões de radiação em tempo real com base no ambiente do sinal, optimizando a receção e a transmissão de sinais.

- Arquitetura

Uma matriz adaptativa consiste em vários elementos de antena, cada um ligado a um processador de sinal digital. O processador ajusta a fase e a amplitude dos sinais em cada elemento para formar e direcionar feixes de forma dinâmica. Esta arquitetura permite um controlo mais preciso do padrão de radiação.

- Funcionamento

Em funcionamento, as matrizes adaptativas utilizam algoritmos avançados para monitorizar continuamente o ambiente do sinal. Adaptam os seus padrões de radiação para maximizar a relação sinal/ruído (SNR) e minimizar as interferências. Esta adaptabilidade em tempo real torna as matrizes adaptativas adequadas para ambientes de comunicação dinâmicos e complexos.

3.3 Técnicas de formação de feixes

A formação de feixes é a principal tecnologia subjacente às antenas inteligentes. Envolve a manipulação dos sinais em cada elemento da antena para criar um padrão de radiação específico. Existem dois tipos principais de beamforming: beamforming analógico e beamforming digital.

- Formação de feixe analógico

A formação de feixe analógica envolve o ajuste da fase e da amplitude dos sinais no domínio analógico antes de serem convertidos para a forma digital. Esta técnica é mais simples e menos dispendiosa do que a formação de feixes digitais, mas oferece menos flexibilidade e precisão.

- Deslocadores de fase

Os sistemas analógicos de formação de feixes utilizam deslocadores de fase para ajustar a fase dos sinais em cada elemento da antena. Ao controlar cuidadosamente as mudanças de fase, o sistema pode criar padrões de interferência construtivos e destrutivos, formando um feixe na direção pretendida.

- Implementação

A implementação da formação de feixe analógica requer uma rede de deslocadores de fase, combinadores e amplificadores. Os sinais de cada elemento da antena são combinados de forma a reforçarem-se mutuamente na direção desejada e a cancelarem-se noutras direcções.

- Formação de feixe digital

A formação de feixe digital, também conhecida como formação de feixe baseada em processamento digital de sinais (DSP), envolve o processamento dos sinais no domínio digital. Esta técnica proporciona maior flexibilidade e precisão, permitindo algoritmos de formação de feixe mais complexos.

- Processamento de sinais

Na formação de feixe digital, os sinais de cada elemento da antena são digitalizados utilizando conversores analógico-digitais (ADCs). Os sinais digitalizados são então processados usando processadores de sinais digitais ou FPGAs (field-programmable gate arrays). Ao ajustar a fase e a amplitude dos sinais digitais, o sistema pode formar e direcionar feixes com elevada precisão.

* Algoritmos

A formação de feixe digital baseia-se em algoritmos avançados para ajustar dinamicamente o padrão de radiação. Os algoritmos mais comuns incluem o algoritmo dos mínimos quadrados médios (LMS), o algoritmo dos mínimos quadrados recursivos (RLS) e o algoritmo MUSIC (Multiple Signal Classification) [8]. [Estes algoritmos adaptam continuamente os pesos de formação do feixe para otimizar a receção e a transmissão do sinal.

3.4 Vantagens das antenas inteligentes: As antenas inteligentes oferecem inúmeras vantagens em relação aos sistemas de antenas tradicionais, tornando-as essenciais para as modernas redes de comunicações sem fios.

* Melhoria da qualidade do sinal

Ao focar o padrão de radiação na direção do utilizador pretendido, as antenas inteligentes melhoram a intensidade e a qualidade do sinal. Isto conduz a um melhor desempenho de comunicação, a taxas de dados mais elevadas e a ligações mais fiáveis.

* Aumento da capacidade

As antenas inteligentes podem aumentar a capacidade das redes sem fios, permitindo que vários utilizadores partilhem o mesmo espetro de frequências. Ao orientar os feixes para utilizadores individuais e minimizar as interferências, as antenas inteligentes permitem uma utilização mais eficiente do espetro disponível.

* Cobertura melhorada

As antenas inteligentes podem ajustar dinamicamente os seus padrões de radiação para cobrir áreas maiores e chegar aos utilizadores em locais difíceis de cobrir. Esta capacidade melhora a cobertura global das redes sem fios, reduzindo as zonas mortas e melhorando a experiência do utilizador.

- Redução de interferências

Um dos principais benefícios das antenas inteligentes é sua capacidade de minimizar a interferência de fontes indesejadas. Ao orientar os nulos na direção dos interferentes, as antenas inteligentes podem reduzir significativamente a interferência de co-canal e de canal adjacente, melhorando o desempenho de toda a rede.

- Adaptabilidade

As antenas inteligentes podem adaptar-se a ambientes de sinal em mudança em tempo real. Esta adaptabilidade torna-as ideais para cenários de comunicação dinâmicos e complexos, como as redes móveis, em que a localização dos utilizadores e as condições do sinal variam constantemente.

3.5 Aplicações das antenas inteligentes

As antenas inteligentes são utilizadas numa vasta gama de aplicações, desde redes celulares a comunicações por satélite. A sua adaptabilidade e melhorias de desempenho tornam-nas adequadas para vários sistemas de comunicação.

- Redes celulares

Nas redes celulares, as antenas inteligentes desempenham um papel crucial na melhoria da capacidade, da cobertura e da qualidade do sinal. São utilizadas tanto nas estações de base como nos dispositivos móveis para otimizar o desempenho das comunicações.

- 4G LTE e mais além

As antenas inteligentes têm sido amplamente adotadas em redes 4G LTE para suportar funcionalidades avançadas como MIMO (Multiple Input Multiple Output) e beamforming. Nas redes 5G, o uso de antenas inteligentes é ainda mais crítico, permitindo a comunicação de ondas milimétricas de alta frequência e sistemas MIMO massivos.

- Wi-Fi e LANs sem fios

As antenas inteligentes são utilizadas em redes Wi-Fi e LAN sem fios para melhorar a qualidade do sinal e reduzir as interferências. Permitem débitos de dados mais elevados e ligações mais fiáveis, especialmente em ambientes com muita gente e complexos.

- Comunicação por satélite

Nas comunicações por satélite, as antenas inteligentes melhoram o desempenho das estações terrestres e dos satélites. Permitem uma orientação e um seguimento precisos do feixe, melhorando a qualidade e a fiabilidade das ligações por satélite.

- Sistemas de radar

As antenas inteligentes são utilizadas em sistemas de radar para deteção, seguimento e imagiologia de alvos. A sua capacidade de ajustar dinamicamente o padrão de radiação melhora o desempenho e a precisão dos sistemas de radar em várias aplicações, incluindo militares, aviação e monitorização meteorológica.

- Comunicação IoT e M2M

A Internet das Coisas (IoT) e a comunicação máquina-a-máquina (M2M) exigem uma conetividade sem fios fiável e eficiente. As antenas inteligentes podem melhorar o desempenho dos dispositivos IoT, proporcionando uma melhor cobertura, qualidade de sinal e redução de interferências.

3.6 Tecnologias subjacentes

Várias tecnologias e técnicas subjacentes são essenciais para a implementação de antenas inteligentes. Estas incluem o processamento, a calibração e a sincronização de matrizes.

- Processamento de matrizes

O processamento de matrizes envolve a utilização de múltiplos elementos de antena para captar e processar sinais. É um componente crítico das antenas inteligentes, permitindo capacidades de formação de feixes e de localização de direcções.

- Filtragem espacial

A filtragem espacial é uma técnica utilizada no processamento de matrizes para separar sinais com base nas suas características espaciais. Ao aplicar filtros espaciais, as antenas inteligentes podem melhorar os sinais desejados e suprimir a interferência de direcções indesejadas.

- Estimativa DOA

A estimativa da direção de chegada (DOA) é um processo utilizado para determinar a direção dos sinais de entrada. As antenas inteligentes utilizam algoritmos de estimativa DOA para orientar com precisão os seus feixes e focar os sinais desejados.

- Calibração

A calibração é essencial para garantir a precisão e o desempenho das antenas inteligentes. Envolve o ajuste do sistema para compensar as imperfeições do hardware, tais como desequilíbrios de fase e amplitude entre os elementos da antena.

- Auto-calibração

As técnicas de auto-calibração permitem que as antenas inteligentes ajustem automaticamente os seus parâmetros sem intervenção externa. Estas técnicas utilizam sinais de referência internos e algoritmos para manter um desempenho ótimo.

- Sincronização

A sincronização é crucial para o funcionamento correto das antenas inteligentes, especialmente em sistemas com vários elementos de antena. A sincronização exacta garante que os sinais de cada elemento são combinados de forma coerente para formar o padrão de radiação desejado.

- Sincronização de tempo

A sincronização de temporização assegura que os sinais de diferentes elementos de antena estão alinhados no tempo. Isto é conseguido através de protocolos de sincronização e de relógio precisos.

- Sincronização de frequências

A sincronização de frequência assegura que os sinais de diferentes elementos de antena têm a mesma frequência. Isto é essencial para uma formação de feixe coerente e um processamento de sinal exato.

3.7 Desafios e direcções futuras

Apesar dos seus inúmeros benefícios, as antenas inteligentes enfrentam vários desafios que têm de ser resolvidos para uma adoção generalizada e um avanço contínuo.

- Complexidade e custo

A implementação de antenas inteligentes envolve uma complexidade e um custo significativos. A necessidade de processamento avançado de sinais, de múltiplos elementos de antena e de calibração exacta aumenta o custo global do sistema. Os futuros esforços de investigação e desenvolvimento têm como objetivo reduzir estes custos através de algoritmos e tecnologias mais eficientes.

- Consumo de energia

As antenas inteligentes, particularmente aquelas com capacidades de formação de feixe digital, requerem uma potência substancial para o processamento e transmissão de sinais. A redução do consumo de energia é fundamental para aplicações como dispositivos móveis e IoT, onde a eficiência energética é uma preocupação fundamental.

- Integração e miniaturização

A integração de antenas inteligentes em dispositivos compactos, como smartphones e wearables, representa um desafio significativo. Os futuros avanços em materiais, técnicas de fabrico e tecnologias de miniaturização serão essenciais para ultrapassar estes desafios.

- Gestão das interferências

Embora as antenas inteligentes possam reduzir significativamente as interferências, a sua gestão em ambientes densos e dinâmicos continua a ser um desafio. Estão a ser exploradas técnicas avançadas de gestão de interferências, como o cancelamento de interferências e o rádio cognitivo, para melhorar o desempenho das antenas inteligentes.

- Escalabilidade

À medida que as redes de comunicações sem fios continuam a crescer em dimensão e complexidade, a escalabilidade torna-se uma questão crítica. Garantir que os sistemas de antenas inteligentes podem ser escalados para suportar um grande número de utilizadores e dispositivos sem comprometer o desempenho é uma área de investigação fundamental.

- Direcções futuras

O futuro das antenas inteligentes é promissor, com várias direcções interessantes para a investigação e o desenvolvimento:

- **MIMO massivo**: A implantação de sistemas MIMO maciços, com centenas ou mesmo milhares de elementos de antena, é um dos principais objectivos das futuras redes sem fios. O MIMO maciço promete uma capacidade, cobertura e fiabilidade sem precedentes.
- **IA e aprendizagem automática**: A integração de técnicas de inteligência artificial e de aprendizagem automática com antenas inteligentes pode melhorar a sua adaptabilidade e desempenho. Os algoritmos orientados para a IA podem otimizar a formação de feixes, a gestão de interferências e a atribuição de recursos em tempo real.

- **Comunicação em ondas milimétricas**: A utilização de frequências de ondas milimétricas para 5G e mais além exige tecnologias avançadas de antenas inteligentes. A investigação está centrada no desenvolvimento de antenas de alto ganho e baixa potência que possam funcionar a estas frequências elevadas.
- **Antenas reconfiguráveis**: As antenas reconfiguráveis que podem alterar dinamicamente a sua frequência de funcionamento, padrão de radiação e polarização são uma área de investigação ativa. Essas antenas oferecem maior flexibilidade e adaptabilidade para futuros sistemas de comunicação.
- **Antenas Quânticas**: A exploração de tecnologias quânticas para a conceção de antenas é um domínio emergente. As antenas quânticas têm o potencial de revolucionar os sistemas de comunicação, permitindo uma deteção ultrassensível e capacidades avançadas de processamento de sinais.

Conclusão

As antenas inteligentes representam um salto significativo na tecnologia de comunicação sem fios, oferecendo inúmeras vantagens em relação às antenas tradicionais. A sua capacidade de ajustar dinamicamente os padrões de radiação, melhorar a qualidade do sinal, aumentar a capacidade e reduzir as interferências torna-as essenciais para os sistemas de comunicação modernos e futuros. Embora subsistam desafios, os esforços de investigação e desenvolvimento em curso prometem resolver estas questões e desbloquear todo o potencial das antenas inteligentes. À medida que avançamos para um mundo mais conectado e orientado para os dados, as antenas inteligentes desempenharão um papel crucial na viabilização da próxima geração de redes de comunicação sem fios.

Capítulo 4: Processamento de sinais de matriz

O processamento de sinal de matriz é um aspeto crítico da tecnologia de antenas inteligentes, permitindo a manipulação e análise de sinais recebidos ou transmitidos por uma matriz de elementos de antena. Este capítulo analisa os princípios, as técnicas e as aplicações do processamento de sinal de matriz, realçando a sua importância para melhorar o desempenho dos sistemas de comunicação. Iremos explorar os principais conceitos, algoritmos e desafios associados ao processamento de sinal de matriz, proporcionando uma compreensão abrangente deste domínio essencial.

4.1 Fundamentos do processamento de sinais de matriz

Na sua essência, o processamento de sinais em matriz envolve a utilização coordenada de múltiplos elementos de antena para melhorar a receção e a transmissão de sinais. Combinando sinais de vários elementos, é possível melhorar o sinal desejado e, ao mesmo tempo, suprimir o ruído e as interferências. Esta capacidade é conseguida através da filtragem espacial, que explora as características espaciais dos sinais. A ideia básica é utilizar a dimensão espacial, para além das dimensões de tempo e frequência, para processar sinais de forma mais eficaz.

- **Geometria e configuração da matriz**

O desempenho das técnicas de processamento de sinais de agregados depende significativamente da geometria e da configuração do agregado de antenas. As geometrias comuns dos agregados incluem agregados lineares, circulares, planares e volumétricos. Cada geometria tem as suas vantagens e limitações. Por exemplo, as matrizes lineares são mais simples de conceber e analisar, mas podem ter uma resolução espacial limitada em comparação com as matrizes planares. As matrizes circulares e volumétricas oferecem uma melhor cobertura e resolução, mas são mais complexas e dispendiosas de implementar. A escolha da configuração da matriz é influenciada pelos requisitos específicos da aplicação e do desempenho.

- **Técnicas de formação de feixes**

A formação de feixes é uma técnica fundamental no processamento de sinais de matrizes que envolve a modelação do padrão de radiação da matriz de antenas para focar as direcções desejadas, anulando simultaneamente as interferências. Existem dois tipos principais de formação de feixes: formação de feixes fixa e formação de feixes adaptativa. A formação de feixes fixos utiliza pesos pré-determinados para criar um conjunto de feixes fixos, adequados para aplicações com ambientes de sinal conhecidos ou estacionários. A formação de feixes adaptativa, por outro lado, ajusta dinamicamente os pesos em resposta à mudança do ambiente do sinal, proporcionando um desempenho superior em cenários dinâmicos e complexos.

- **Formação de feixe fixo**

A formação de feixes fixos baseia-se num conjunto de pesos predefinidos aplicados aos sinais de cada elemento de antena. Estes pesos são concebidos para formar feixes em direcções específicas, com base na área de cobertura pretendida. A principal vantagem da formação de feixes fixos é a sua simplicidade e os baixos requisitos computacionais. No entanto, o seu desempenho é limitado em ambientes com interferências significativas ou condições de sinal que mudam rapidamente.

- **Formação de feixes adaptativa**

A formação de feixe adaptativa, também conhecida como processamento de matriz adaptativa, ajusta continuamente os pesos aplicados aos elementos da antena para otimizar a qualidade do sinal recebido. Esta técnica utiliza algoritmos como o algoritmo dos mínimos quadrados médios (LMS), o algoritmo dos mínimos quadrados recursivos (RLS) e o algoritmo de inversão da matriz de amostras (SMI). A formação de feixes adaptativa pode melhorar significativamente a relação sinal/ruído (SNR) e a rejeição de interferências, tornando-a ideal para ambientes de comunicação dinâmicos e exigentes.

- **Estimativa da direção de chegada (DOA)**

A estimativa da direção de chegada (DOA) é um aspeto crucial do processamento de sinais de um conjunto de antenas, permitindo a determinação da direção a partir da qual um sinal chega ao conjunto de antenas. A estimativa exacta do DOA é essencial para a formação de feixes e a filtragem espacial. São utilizados vários algoritmos para a estimativa do DOA, incluindo o algoritmo de classificação de sinais múltiplos (MUSIC), a estimativa de parâmetros de sinal através de técnicas de invariância rotacional (ESPRIT) e o método Capon. Estes algoritmos tiram partido da diversidade espacial proporcionada pelo conjunto de antenas para estimar a direção do sinal com elevada precisão.

- **Método Capon**

O método Capon, também conhecido como método de resposta sem distorção de variância mínima (MVDR), centra-se na minimização da potência de saída em todas as direcções, exceto na direção do sinal desejado. Ao fazê-lo, obtém uma elevada resolução e uma excelente rejeição de interferências. O método Capon é particularmente eficaz em ambientes com fortes interferências ou fontes muito espaçadas.

- **Filtragem espacial**

A filtragem espacial é uma técnica fundamental no processamento de sinais de matriz, permitindo a separação de sinais com base nas suas características espaciais. Através da aplicação de filtros espaciais, é possível melhorar os sinais desejados e suprimir as interferências de direcções específicas. As técnicas de filtragem espacial incluem a filtragem espacial correspondente, o branqueamento espacial e a filtragem espacial adaptativa.

- **Filtragem por correspondência espacial**

A filtragem espacial correspondente envolve a aplicação de um filtro que corresponde à assinatura espacial do sinal desejado. Esta técnica maximiza a relação sinal-ruído através da combinação coerente dos sinais provenientes dos elementos da antena. A filtragem espacial correspondente é particularmente eficaz quando as características espaciais do sinal pretendido são conhecidas a priori.

- **Branqueamento espacial**

O branqueamento espacial é uma técnica utilizada para descorrelacionar os sinais recebidos pelos elementos da antena. Ao transformar a matriz de covariância do sinal recebido numa matriz de ruído branco, é possível melhorar o desempenho dos algoritmos de formação de feixes e de estimativa de DOA. O branqueamento espacial é especialmente útil em ambientes com interferência correlacionada ou propagação multipercurso.

- **Filtragem espacial adaptativa**

A filtragem espacial adaptativa ajusta dinamicamente os coeficientes do filtro espacial em resposta à alteração do ambiente do sinal. Esta técnica utiliza algoritmos como os algoritmos LMS e RLS para otimizar os coeficientes do filtro em tempo real. A filtragem espacial adaptativa proporciona um desempenho superior em cenários dinâmicos e complexos, em que as características do sinal e da interferência variam ao longo do tempo.

- **Aplicações do processamento de sinais de matriz**

O processamento de sinais de matrizes é utilizado numa vasta gama de aplicações, desde comunicações sem fios e sistemas de radar a sonares e imagiologia médica. Cada aplicação tira partido da diversidade espacial e das capacidades de processamento de sinal dos conjuntos de antenas para obter um melhor desempenho e fiabilidade.

4.2 Comunicação sem fios

Nas comunicações sem fios, o processamento de sinais de matriz melhora o desempenho das estações de base e dos dispositivos móveis[8]. Técnicas como a formação de feixes, a estimativa de DOA e a filtragem espacial melhoram a qualidade do sinal, aumentam a capacidade e reduzem as interferências. Estes avanços são fundamentais para os sistemas de comunicação modernos, incluindo 4G LTE, 5G e outros.

- **Sistemas de radar**

Os sistemas de radar utilizam o processamento de sinais de matriz para a deteção, seguimento e imagem de alvos. Ao explorar as características espaciais dos sinais recebidos, os sistemas de radar podem determinar com precisão a localização e a velocidade dos alvos. As técnicas de processamento de sinal de matriz, como a formação de feixe adaptável e a estimativa DOA, são essenciais para obter um desempenho de radar fiável e de alta resolução.

- **Sistemas de sonar**

Os sistemas de sonar, utilizados na comunicação e navegação subaquáticas, dependem do processamento de sinais de matriz para melhorar a deteção e localização de sinais. Técnicas como a formação de feixes e a filtragem espacial melhoram a deteção de objectos subaquáticos e a precisão da localização de alvos. O processamento de sinais de matriz é fundamental para aplicações como a navegação submarina, a vigilância submarina e a investigação em biologia marinha.

- **Imagiologia médica**

Na imagiologia médica, o processamento de sinais de matriz é utilizado para melhorar a resolução e a qualidade das imagens obtidas através de técnicas como o ultrassom e a ressonância magnética (MRI). Ao aplicar a formação de feixes e a filtragem espacial, é possível melhorar o contraste e o pormenor das imagens médicas, conduzindo a melhores resultados de diagnóstico e tratamento.

- **Desafios e direcções futuras**

Apesar dos avanços significativos no processamento de sinais de matrizes, continuam a existir vários desafios. Estes incluem a complexidade e o custo da implementação de grandes conjuntos de antenas, a necessidade de calibração e sincronização precisas e o impacto da propagação multipercurso e da variabilidade ambiental no desempenho do processamento de sinais.

- **Complexidade e custo**

A implementação de grandes conjuntos de antenas com capacidades avançadas de processamento de sinais envolve uma complexidade e um custo significativos. A necessidade de múltiplos elementos de antena, processadores de sinal de alta velocidade e calibração precisa aumenta o custo global do sistema. A investigação futura tem como objetivo desenvolver técnicas de processamento de sinal de matrizes mais económicas e eficientes para tornar estas tecnologias mais acessíveis.

- **Calibração e sincronização**

A calibração e a sincronização precisas são cruciais para o desempenho ótimo dos sistemas de processamento de sinais de matrizes. Quaisquer imperfeições nos elementos da matriz, como desequilíbrios de fase e amplitude, podem degradar o desempenho dos algoritmos de formação de feixes e de estimativa de DOA. São necessárias técnicas avançadas de calibração e sincronização para garantir um processamento de sinal preciso e fiável.

- **Propagação multipercurso**

A propagação multipercurso, em que os sinais são reflectidos por vários objectos antes de atingirem o conjunto de antenas, representa um desafio significativo para o processamento de sinais de conjuntos. O multipercurso pode causar distorção e interferência no sinal, complicando a formação de feixes e a estimativa de DOA. Estão a ser desenvolvidas técnicas como a atenuação de percursos múltiplos e a formação de feixes robusta para fazer face a estes desafios.

- **Variabilidade ambiental**

O desempenho das técnicas de processamento de sinais de matriz pode ser afetado pela variabilidade ambiental, como as alterações no ambiente de propagação ou a presença de interferências dinâmicas. Os algoritmos adaptativos que podem responder rapidamente a estas alterações são essenciais para manter um desempenho ótimo em cenários reais.

- **Direcções futuras**

O futuro do processamento de sinais de matrizes encerra várias possibilidades interessantes. A integração de técnicas de inteligência artificial (IA) e de aprendizagem automática (ML) promete melhorar a adaptabilidade e o desempenho dos sistemas de processamento de sinais em matriz. Os algoritmos baseados em IA podem otimizar a formação de feixes, a gestão de interferências e a atribuição de recursos em tempo real, proporcionando um desempenho superior em ambientes dinâmicos[9].

Outra direção promissora é o desenvolvimento de conjuntos de antenas reconfiguráveis que podem alterar dinamicamente a sua geometria e configuração com base no ambiente do sinal. Estes conjuntos oferecem maior flexibilidade e adaptabilidade, tornando-os adequados para uma vasta gama de aplicações.

O processamento quântico de sinais é um domínio emergente que explora a utilização de tecnologias quânticas para o processamento de sinais em matrizes. As matrizes quânticas têm o potencial de revolucionar os sistemas de comunicação e de deteção, permitindo uma deteção ultrassensível e capacidades avançadas de processamento de sinais.

- **Conclusão**

O processamento de sinal de matriz é uma pedra angular da tecnologia de antena inteligente, fornecendo as ferramentas e técnicas necessárias para manipular e analisar sinais de múltiplos elementos de antena. Ao tirar partido da diversidade espacial e de algoritmos avançados de processamento de sinal, o processamento de sinal de matriz melhora o desempenho dos sistemas de comunicação, radar, sonar e imagiologia médica. Apesar dos desafios, os esforços de investigação e desenvolvimento em curso prometem desbloquear novas capacidades e aplicações para o processamento de sinal de matriz, abrindo caminho a tecnologias de comunicação e deteção mais eficientes e fiáveis.

Capítulo 5: Técnicas de formação de feixes

Introdução

A formação de feixes é uma caraterística fundamental das antenas inteligentes, permitindo-lhes ajustar dinamicamente os seus padrões de radiação para melhorar a receção e transmissão de sinais. Este capítulo explora várias técnicas de formação de feixes utilizadas em antenas inteligentes, incluindo a formação de feixes fixos, a formação de feixes adaptativos e a formação de feixes digitais. Iremos aprofundar os princípios, algoritmos, aplicações e avanços na tecnologia de formação de feixes, destacando o seu papel crítico nos modernos sistemas de comunicação sem fios.

5.1 Visão geral da formação de feixes

A formação de feixes refere-se ao processo de moldar o padrão de radiação da antena para concentrar a energia em direcções específicas, suprimindo simultaneamente a interferência de outras direcções. Ao contrário das antenas omnidireccionais tradicionais, que irradiam energia uniformemente em todas as direcções, a formação de feixes permite que as antenas inteligentes orientem os seus feixes para os utilizadores ou locais pretendidos. O princípio básico da formação de feixes envolve o ajuste da fase e da amplitude dos sinais de cada elemento da antena para criar interferência construtiva na direção pretendida e interferência destrutiva em direcções indesejadas. Ao controlar estes parâmetros, as antenas inteligentes podem formar feixes que maximizam a intensidade do sinal para o recetor pretendido e minimizam-na para as fontes de interferência.

5.1.2 Tipos de formação de feixes

Existem vários tipos de técnicas de formação de feixes utilizadas em antenas inteligentes, categorizadas com base na sua adaptabilidade e complexidade de implementação:

- **Formação de feixe fixa**: Padrões de formação de feixe predefinidos que são estáticos e não se adaptam a condições de sinal variáveis.

- **Formação de feixe adaptativa**: Técnicas que ajustam dinamicamente os parâmetros de formação de feixes com base nas características do sinal em tempo real.

- **Formação de feixes digitais**: Formação de feixes implementada utilizando técnicas de processamento de sinais digitais, oferecendo elevada flexibilidade e precisão.

5.2 Formação de feixe fixo

A formação de feixe fixo envolve a utilização de um conjunto de pesos ou coeficientes pré-determinados para criar padrões de radiação fixos. Estes padrões são concebidos para cobrir sectores ou direcções de interesse específicos, tornando a formação de feixe fixo adequada para aplicações em que o ambiente do sinal é relativamente estável ou previsível.

5.2.1 Arquitetura e implementação

A arquitetura dos sistemas fixos de formação de feixes é normalmente constituída por uma rede de elementos de antena e uma rede de formação de feixes que aplica pesos fixos aos sinais recebidos de cada elemento. A rede de formação de feixes pode incluir deslocadores de fase, combinadores e amplificadores configurados para produzir feixes em direcções predeterminadas.

Vantagens:

- **Simplicidade**: Os sistemas de formação de feixe fixo são simples de implementar e operar, exigindo menos despesas de computação.

- **Estabilidade**: Uma vez que os padrões de feixe são fixos, proporcionam um desempenho estável em ambientes com características de sinal consistentes.

Limitações:

- **Falta de adaptabilidade**: A formação de feixes fixos não consegue responder a alterações no ambiente do sinal, limitando a sua eficácia em cenários dinâmicos.

- **Tratamento de interferências**: Pode ter dificuldade em lidar com fontes de interferência que variam em localização ou intensidade ao longo do tempo.

A formação de feixes fixos é normalmente utilizada em cenários em que as características espaciais dos sinais são conhecidas ou relativamente estáveis:

- **Ligações de comunicação ponto-a-ponto**: Como as ligações de micro-ondas, em que as localizações dos transmissores e dos receptores são fixas.
- **Sistemas de radar**: Para aplicações de vigilância e seguimento em que as posições dos alvos são previsíveis.

5.3 Formação de feixe adaptável

As técnicas de formação de feixes adaptativas aumentam a flexibilidade e o desempenho das antenas inteligentes, ajustando continuamente os parâmetros de formação de feixes com base em medições de sinal em tempo real. Estas técnicas são essenciais para ambientes dinâmicos em que as condições do sinal mudam rapidamente ou as fontes de interferência são imprevisíveis.

- Princípios da formação de feixes adaptativa

O principal objetivo da formação de feixes adaptativa é maximizar a relação sinal-interferência-mais-ruído (SINR) no recetor. Isto é conseguido através da adaptação dos pesos aplicados a cada elemento da antena com base nas características do sinal recebido e no ambiente de interferência.

- Algoritmos adaptativos

A formação de feixes adaptativa baseia-se em algoritmos sofisticados para ajustar dinamicamente os pesos da formação de feixes. Os algoritmos adaptativos comuns incluem:

- **Mínimos quadrados médios (LMS)**: Um algoritmo baseado em gradiente que ajusta iterativamente os pesos para minimizar o erro quadrático médio entre o sinal desejado e o sinal recebido.

- **Mínimos quadrados recursivos (RLS)**: Um algoritmo que estima os pesos óptimos através da atualização recursiva de uma matriz de correlações inversas.
- **Inversão da matriz de amostragem (SMI)**: Um algoritmo que calcula os pesos utilizando a matriz de covariância de amostra dos sinais recebidos.

- **Implementação**

A implementação da formação de feixes adaptativa requer capacidades de processamento de sinais em tempo real, normalmente utilizando processadores de sinais digitais (DSPs) ou matrizes de portas programáveis em campo (FPGAs). Estes dispositivos executam os algoritmos adaptativos para calcular pesos de formação de feixe actualizados com base em medições de sinal em curso.

Vantagens:

- **Adaptabilidade**: A formação de feixes adaptável pode responder a alterações no ambiente do sinal, melhorando o desempenho em cenários dinâmicos.
- **Rejeição de interferências**: Pode anular fontes de interferência ajustando os padrões de feixe dinamicamente, melhorando a clareza do sinal.

Limitações:

- **Complexidade computacional**: Os algoritmos adaptativos requerem mais recursos computacionais do que as técnicas de formação de feixes fixos.
- **Desafios de inicialização**: A convergência inicial dos algoritmos adaptativos pode exigir períodos de calibração e estabilização.

Aplicações

A formação de feixe adaptável é aplicada em cenários em que o ajuste dinâmico dos padrões de feixe é crucial:

- **Redes de comunicações móveis**: Para se adaptarem às mudanças de localização dos utilizadores e às diferentes condições de interferência.

- **Sistemas de sonar e de radar**: Para seguir alvos em movimento e suprimir a interferência de fontes de interferência ou de empastelamento.

5.4 Formação de feixes digitais

A formação de feixe digital representa a evolução das técnicas de formação de feixe possibilitada pelos avanços na tecnologia de processamento digital de sinais (DSP). Ao contrário da formação de feixe analógica, que depende de deslocadores de fase e componentes analógicos, a formação de feixe digital processa sinais no domínio digital, oferecendo maior flexibilidade e precisão. A formação de feixe digital utiliza ADCs (conversores analógico-digitais) para digitalizar os sinais de cada elemento da antena antes de aplicar técnicas de processamento de sinais digitais. Isto permite um controlo preciso dos ajustes de fase, amplitude e temporização, facilitando operações complexas de formação de feixes.

- Algoritmos e técnicas

Os algoritmos de formação de feixes digitais incluem:

- **Formação de feixes com transformada rápida de Fourier (FFT)**: Utiliza a FFT para analisar os sinais recebidos e orientar os feixes em direcções específicas.
- **Formação de feixes com deslocamento de fase**: Ajusta as mudanças de fase digitalmente para formar feixes sem deslocadores de fase físicos.
- **Formação de feixe por inversão de matriz**: Utiliza operações matriciais para calcular pesos óptimos para a formação de feixes.

Vantagens:

- **Flexibilidade**: A formação de feixe digital proporciona uma elevada flexibilidade no ajuste dos padrões de feixe, suportando estratégias de formação do feixe adaptativas e complexas.
- **Precisão**: Oferece um controlo preciso dos parâmetros do feixe, conduzindo a uma melhor qualidade do sinal e à rejeição de interferências.

Limitações:

- **Custo**: Os sistemas de formação de feixes digitais podem ser mais caros devido à necessidade de ADCs de alta velocidade e hardware DSP.
- **Complexidade**: A implementação e a calibração de sistemas de formação de feixes digitais requerem conhecimentos especializados e recursos computacionais avançados.

A formação de feixes digitais encontra aplicações em sistemas de comunicação avançados e em tecnologias de radar:

- **5G e mais além**: Para suportar sistemas MIMO maciços e comunicações de ondas milimétricas de alta frequência.
- **Radar de matriz faseada**: Para deteção precisa de alvos, seguimento e vigilância em aplicações militares e aeroespaciais.

5.5 Formação de feixes híbridos

A formação de feixe híbrida combina elementos de formação de feixe analógica e digital para alcançar um equilíbrio entre flexibilidade e eficiência. Nesta abordagem, a formação de feixe analógica é utilizada no front-end de RF (radiofrequência) para reduzir a complexidade do hardware e o consumo de energia, enquanto a formação de feixe digital é utilizada na banda de base para proporcionar um controlo fino dos parâmetros de formação de feixe. As arquitecturas de formação de feixes híbridas incluem normalmente uma rede de cadeias de RF ligadas a elementos de antena através de deslocadores de fase analógicos. O processamento de sinais digitais é efectuado em banda de base utilizando menos ADCs do que um sistema totalmente digital, reduzindo o custo e o consumo de energia e mantendo o desempenho da formação de feixes.

Vantagens:

- **Eficiência**: A formação de feixes híbrida reduz a complexidade do hardware e o consumo de energia em comparação com as soluções totalmente digitais.
- **Desempenho**: Mantém a flexibilidade e a precisão da formação de feixes digitais para operações de formação de feixes adaptativas e complexas.

Limitações:

- **Calibração complexa**: A formação de feixe híbrida requer uma calibração cuidadosa dos componentes analógicos e digitais para garantir um desempenho ótimo.
- **Compensações**: Existem compromissos entre a complexidade do hardware, o custo e o desempenho da formação de feixes que devem ser cuidadosamente geridos.

A formação de feixes híbridos está a ganhar popularidade na tecnologia 5G e não só:

- **MIMO maciço**: Para suportar grandes conjuntos de antenas com menor complexidade de hardware e consumo de energia.
- **Comunicação por ondas milimétricas**: Para bandas de alta frequência em que a formação precisa de feixes é essencial para manter a qualidade e a cobertura do sinal.

Capítulo 6: Técnicas avançadas de formação de feixes

Para além dos métodos tradicionais de formação de feixes, várias técnicas e conceitos avançados estão a moldar o futuro das antenas inteligentes: O MIMO maciço alarga as técnicas MIMO tradicionais, aumentando o número de elementos de antena para centenas ou mesmo milhares. Esta abordagem aumenta a diversidade espacial e melhora a capacidade do sistema e a eficiência espetral, servindo vários utilizadores em simultâneo com feixes espacialmente separados. A formação de feixes de ondas milimétricas utiliza bandas de alta frequência (por exemplo, 28 GHz, 60 GHz) para comunicações 5G e posteriores. Essas frequências permitem altas taxas de dados, mas exigem uma formação de feixe precisa para superar os desafios de propagação, como a alta perda de caminho e a suscetibilidade a bloqueios.

- Formação de feixes cognitivos

A formação de feixe cognitivo integra princípios de rádio cognitivo com técnicas de formação de feixe para se adaptar dinamicamente às mudanças no ambiente de RF. Ao detetar e aprender com o espetro de RF circundante, a formação cognitiva de feixes optimiza os parâmetros de formação de feixes para maximizar o desempenho e a eficiência.

- Papel da IA na formação de feixes

A formação de feixes baseada em IA representa a convergência da inteligência artificial (IA) e das técnicas de formação de feixes para melhorar o desempenho, a adaptabilidade e a eficiência dos sistemas de antenas inteligentes. Esta secção explora a forma como a IA e os algoritmos de aprendizagem automática (ML) são integrados nos processos de formação de feixes, revolucionando as capacidades das antenas inteligentes em ambientes sem fios dinâmicos e complexos.

As técnicas tradicionais de formação de feixe, como a formação de feixe fixa, adaptativa e digital, dependem de regras ou algoritmos predefinidos para otimizar o desempenho do conjunto de antenas. A formação de feixe orientada por IA, por outro lado, utiliza abordagens orientadas por dados para aprender e adaptar autonomamente os parâmetros de formação de feixe com base em condições ambientais e métricas de desempenho em tempo real.

A IA desempenha um papel crucial na formação de feixes, permitindo que as antenas inteligentes o façam:

- **Aprender**: Adapta-se automaticamente às condições de sinal em mudança, aos níveis de interferência e às distribuições dos utilizadores[10].
- **Otimizar**: Melhorar continuamente as estratégias de formação de feixes com base em dados históricos e feedback em tempo real.
- **Prever**: Antecipar mudanças no ambiente de RF e ajustar proativamente os parâmetros de formação de feixe.

6.1 Algoritmos de aprendizagem automática para formação de feixes

São aplicados vários algoritmos ML na formação de feixes orientada por IA para otimizar o desempenho do conjunto de antenas:

- **Aprendizagem por reforço (RL)**

Os algoritmos de aprendizagem por reforço permitem que as antenas inteligentes aprendam políticas de formação de feixes óptimas através da interação com o ambiente. Os agentes de RL recebem recompensas ou penalizações com base nas suas acções de formação de feixes, encorajando-os a descobrir estratégias que maximizem as recompensas (por exemplo, qualidade do sinal, débito) ao longo do tempo.

- **Aprendizagem profunda (DL)**

As técnicas de aprendizagem profunda, como as redes neuronais profundas (DNN), são utilizadas para o reconhecimento de padrões e a tomada de decisões complexas na formação de feixes. As DNN podem analisar grandes volumes de dados, extrair características relevantes dos sinais e prever parâmetros óptimos de formação de feixes sem programação explícita de regras.

- **Aprendizagem supervisionada**

Os algoritmos de aprendizagem supervisionada, incluindo as máquinas de vectores de suporte (SVM) e as árvores de decisão, são utilizados na formação de feixes para classificar as características do sinal e prever os pesos da formação de feixes com base em dados de treino rotulados. Esta abordagem é útil para tarefas em que os conjuntos de dados rotulados estão disponíveis para treino.

- **Aprendizagem não supervisionada**

Os métodos de aprendizagem não supervisionada, como os algoritmos de agrupamento e de deteção de anomalias, permitem que as antenas inteligentes descubram padrões ocultos e adaptem estratégias de formação de feixes sem dados rotulados. A aprendizagem não supervisionada é valiosa em cenários em que o ambiente de RF é complexo e dinâmico.

6.2 Vantagens da formação de feixes baseada em IA

A formação de feixes baseada em IA oferece várias vantagens em relação às técnicas tradicionais:

- **Adaptabilidade**: Os algoritmos de IA podem adaptar os parâmetros de formação de feixes em tempo real às alterações na localização dos utilizadores, às fontes de interferência e às condições do canal, melhorando o desempenho geral do sistema.
- **Eficiência**: Ao otimizar as estratégias de formação de feixes de forma autónoma, os sistemas orientados por IA melhoram a eficiência espetral, o rendimento e o consumo de energia em comparação com abordagens estáticas ou ajustadas manualmente.
- **Robustez**: As técnicas de IA permitem que as antenas inteligentes atenuem os efeitos da propagação multipercurso, desvanecimento e interferência, melhorando a fiabilidade e a cobertura do sinal.
- **Escalabilidade**: A formação de feixe orientada por IA pode ser dimensionada para suportar sistemas MIMO maciços com centenas ou milhares de elementos de antena, mantendo o desempenho em diversos cenários de implantação.

Desafios e considerações

Apesar dos seus benefícios, a formação de feixes baseada em IA enfrenta vários desafios:

- **Complexidade computacional**: A implementação de algoritmos de IA em sistemas de formação de feixes em tempo real requer recursos computacionais significativos, incluindo processadores de elevado desempenho e arquitecturas de processamento de dados eficientes.
- **Disponibilidade de dados de formação**: Os modelos de IA dependem de grandes volumes de dados de treinamento de alta qualidade para aprender e generalizar estratégias de formação de feixe de forma eficaz. A obtenção de conjuntos de dados representativos para diversos ambientes de RF pode ser um desafio.
- **Robustez às mudanças ambientais**: Os modelos de formação de feixe orientados por IA devem ser robustos a variações nas condições ambientais, como mudanças climáticas, movimento da antena e dinâmica de interferência.

Aplicações da formação de feixes baseada em IA

A formação de feixes baseada em IA é aplicada em vários domínios e aplicações:

- **5G e mais além**: Melhoria das capacidades de formação de feixes em sistemas MIMO maciços para suportar implantações de alta densidade e comunicações ultra fiáveis de baixa latência (URLLC).
- **Internet das Coisas (IoT)**: Otimização da formação de feixes em redes IoT para alargar a cobertura, melhorar a eficiência energética e melhorar a conetividade dos dispositivos IoT em diversos ambientes.
- **Veículos autónomos**: Possibilitar uma formação de feixe robusta e eficiente para comunicações veículo-para-tudo (V2X), melhorando os sistemas de segurança, navegação e gestão de tráfego.
- **Comunicações por satélite**: Melhorar a eficiência e a fiabilidade da formação de feixes nas redes de satélites para fornecer serviços de banda larga de alta velocidade e conteúdos multimédia a nível mundial.

Direcções futuras

O futuro da formação de feixes baseada em IA é promissor, com a investigação e o desenvolvimento em curso a centrarem-se no seguinte:

- **IA de borda**: implementação de modelos de IA diretamente em antenas inteligentes ou dispositivos de borda para reduzir a latência, aumentar a privacidade e otimizar a alocação de recursos em redes descentralizadas.
- **IA explicável**: Desenvolver modelos de IA transparentes e interpretáveis que forneçam informações sobre decisões de formação de feixes, facilitando a confiança e a fiabilidade em sistemas autónomos.
- **Integração AIoT**: Integração de beamforming orientado por IA com plataformas IoT e estruturas de computação de ponta para permitir implementações IoT adaptativas e inteligentes em cidades inteligentes, automação industrial e cuidados de saúde.

Conclusão

A formação de feixes orientada por IA representa uma mudança de paradigma na tecnologia de antenas inteligentes, aproveitando a IA e a aprendizagem automática para otimizar a receção e transmissão de sinais em ambientes sem fios dinâmicos e complexos. Ao permitir a adaptação autónoma e a otimização de estratégias de formação de feixes, os sistemas orientados por IA melhoram o desempenho, a eficiência e a fiabilidade numa vasta gama de aplicações, desde redes 5G a IoT e sistemas autónomos. À medida que a investigação avança e as capacidades computacionais aumentam, a formação de feixes baseada em IA está preparada para desempenhar um papel fundamental na definição do futuro das comunicações sem fios.

Capítulo 7: Aplicações das antenas inteligentes

As antenas inteligentes representam uma tecnologia fundamental nos sistemas de comunicação sem fios modernos, oferecendo melhorias significativas na qualidade, cobertura e eficiência do sinal em comparação com as antenas tradicionais. Este capítulo explora as diversas aplicações das antenas inteligentes em vários domínios, incluindo redes celulares, Wi-Fi, comunicações por satélite e aplicações militares. Estudos de casos e exemplos do mundo real realçam o impacto transformador da tecnologia de antenas inteligentes na melhoria das capacidades de comunicação e na resolução de desafios complexos nestes domínios.

7.1 Introdução às aplicações das antenas inteligentes

As antenas inteligentes, equipadas com capacidades avançadas de processamento de sinais e técnicas adaptativas de formação de feixes, permitem o ajuste dinâmico dos padrões de radiação para otimizar a receção e a transmissão de sinais. Esta adaptabilidade é crucial para ultrapassar desafios como o desvanecimento do sinal, a interferência e as limitações de capacidade nas redes de comunicações sem fios.

7.2 Evolução das redes celulares

A evolução das redes celulares tradicionais para as modernas redes 4G LTE e 5G tem sido impulsionada pelos avanços na tecnologia de antenas inteligentes. As antenas inteligentes desempenham um papel fundamental na melhoria da capacidade da rede, da cobertura e da experiência do utilizador:

- **Formação de feixes**: Orientar feixes estreitos para os utilizadores para aumentar a intensidade do sinal e atenuar as interferências.
- **Multiplexagem espacial**: Suporte de múltiplos utilizadores em simultâneo através da exploração da diversidade espacial.
- **Rejeição de interferência**: Minimização da interferência co-canal através de técnicas de formação de feixe adaptativas.

7.2.2 Estudo de caso: 5G Massive MIMO

As redes 5G aproveitam a tecnologia MIMO (Multiple Input Multiple Output) massiva, alimentada por antenas inteligentes, para alcançar taxas de dados e desempenho de rede sem precedentes. Os sistemas MIMO maciços com centenas de elementos de antena utilizam a formação de feixes para servir vários utilizadores com elevada taxa de transferência e baixa latência, suportando aplicações como a realidade aumentada (AR), a realidade virtual (VR) e as comunicações ultra-fiáveis de baixa latência (URLLC).

7.3 Melhorar o desempenho Wi-Fi

As antenas inteligentes melhoram o desempenho da rede Wi-Fi, melhorando a cobertura, reduzindo as zonas mortas e aumentando o rendimento em ambientes interiores e exteriores. As principais aplicações incluem:

- **Direção do feixe**: Concentrar os sinais nos clientes Wi-Fi para otimizar a intensidade e a qualidade do sinal.
- **MIMO multiutilizador**: Suporta a transmissão simultânea de dados para vários dispositivos, melhorando a capacidade da rede.
- **Auto-Otimização**: Ajuste automático dos parâmetros da antena com base nas condições da rede para maximizar o desempenho.

7.3.1 Estudo de caso: Formação de feixes em routers Wi-Fi domésticos

Os routers Wi-Fi domésticos equipados com antenas inteligentes utilizam técnicas de formação de feixes para ajustar dinamicamente a direção do sinal para os dispositivos ligados, melhorando a cobertura e a fiabilidade do Wi-Fi. A formação de feixes ajuda a atenuar as interferências das redes vizinhas e os obstáculos no ambiente doméstico, garantindo uma conetividade sem fios consistente e de alta qualidade para os utilizadores.

7.4 Avanços nos sistemas de comunicação por satélite

As antenas inteligentes revolucionam os sistemas de comunicação por satélite, ultrapassando desafios como a atenuação do sinal, a interferência e as restrições de largura de banda. As aplicações incluem:

- **Satélites de alto rendimento (HTS)**: Utilização de antenas inteligentes para formação de feixes e reutilização de frequências para fornecer taxas de dados e cobertura mais elevadas.
- **Ligações inter-satélites**: Estabelecimento de ligações fiáveis entre satélites utilizando técnicas de formação de feixes e de processamento adaptativo de sinais.
- **Internet por satélite**: Fornecimento de acesso à Internet de banda larga a zonas remotas e mal servidas através de uma eficiente formação de feixes e coordenação de constelações de satélites.

7.4.1 Estudo de caso: Sistemas de satélite de banda Ka

Os sistemas de satélite de banda Ka utilizam antenas inteligentes para operar em bandas de frequência mais elevadas, permitindo taxas de transmissão de dados mais elevadas e latência reduzida em comparação com as comunicações por satélite tradicionais. As antenas inteligentes optimizam a qualidade e o rendimento das ligações, ajustando dinamicamente as direcções dos feixes e adaptando-se às alterações das condições atmosféricas, melhorando o desempenho global dos serviços baseados em satélite.

7.5 Melhoria dos sistemas de comunicação militar

As antenas inteligentes desempenham um papel fundamental nos sistemas de comunicação militar, fornecendo conetividade sem fios robusta, segura e de elevado desempenho em ambientes operacionais difíceis. As aplicações incluem:

- **Anti-jamming**: Utilização da formação de feixes adaptativa para contrariar interferências intencionais e tentativas de empastelamento.
- **Baixa probabilidade de interceção (LPI)**: Utilização de antenas inteligentes para comunicações furtivas de modo a minimizar a detetabilidade.
- **Implantação rápida**: Facilitar a rápida instalação e reconfiguração de ligações de comunicação em unidades militares móveis.

7.5.1 Estudo de caso: Sistemas de comunicação tática

Os sistemas de comunicação tática dependem de antenas inteligentes para estabelecer ligações de comunicação fiáveis e resilientes entre unidades militares, veículos e centros de comando. As capacidades adaptativas de formação de feixes e anti-bloqueio garantem uma comunicação segura e eficaz em cenários dinâmicos de campo de batalha, apoiando operações e coordenação de missão crítica.

7.6 IoT e cidades inteligentes

As antenas inteligentes estão preparadas para desempenhar um papel crucial nas implantações de IoT e nas iniciativas de cidades inteligentes, fornecendo conetividade sem fios escalável e eficiente para dispositivos interligados e infra-estruturas urbanas. As aplicações incluem transportes inteligentes, monitorização ambiental e sistemas de segurança pública.

7.6.1 Cuidados de saúde e telemedicina

No domínio dos cuidados de saúde, as antenas inteligentes permitem a monitorização remota de doentes, consultas de telemedicina e transmissão de dados médicos com maior fiabilidade e segurança. As tecnologias de formação de feixes e MIMO permitem a comunicação áudio/vídeo de alta qualidade e o intercâmbio de dados em tempo real entre profissionais de saúde e pacientes[11].

7.6.2 Comunicação automóvel e veicular

As aplicações automóveis tiram partido das antenas inteligentes para a comunicação veículo-para-tudo (V2X), permitindo uma maior segurança, gestão do tráfego e capacidades de condução autónoma. As técnicas de formação de feixes e de diversidade espacial optimizam a conetividade e a fiabilidade nas redes veiculares.

Conclusão

As antenas inteligentes são essenciais para a evolução e melhoria dos sistemas de comunicação sem fios em diversas aplicações, incluindo redes celulares, Wi-Fi, comunicações por satélite e operações militares. Ao tirar partido de técnicas avançadas de processamento de sinais, como beamforming e MIMO, as antenas inteligentes melhoram a cobertura, a capacidade e a fiabilidade, abrindo caminho a serviços e aplicações inovadores na era digital. À medida que a tecnologia continua a avançar, as antenas inteligentes desempenharão um papel cada vez mais importante na definição do futuro da conetividade, mobilidade e comunicação em todo o mundo.

Capítulo 8: Desafios e direcções futuras

As antenas inteligentes representam uma tecnologia fundamental nos sistemas de comunicação sem fios modernos, oferecendo melhorias significativas na qualidade, cobertura e eficiência do sinal em comparação com as antenas tradicionais. No entanto, a sua implantação e evolução implicam vários desafios e considerações. Este capítulo explora os desafios actuais enfrentados pelas antenas inteligentes e discute as direcções futuras e as tecnologias emergentes que poderão moldar o seu desenvolvimento nos próximos anos.

8.1 Introdução

As antenas inteligentes revolucionaram a comunicação sem fios ao permitirem a formação de feixes adaptativos, a multiplexagem espacial e a supressão de interferências. Esses recursos facilitaram a implantação de redes avançadas, como 5G, comunicações via satélite e aplicativos de IoT. Apesar de seus benefícios, as antenas inteligentes encontram vários desafios relacionados à implantação, otimização de desempenho, integração e escalabilidade. Este capítulo aborda esses desafios e explora caminhos promissores para investigação e desenvolvimento futuros.

8.2 Requisitos de infra-estruturas

A implantação de antenas inteligentes requer frequentemente investimentos substanciais em infra-estruturas, incluindo conjuntos de antenas, unidades de processamento de sinais e actualizações de rede. Estes investimentos podem ser proibitivos, especialmente em zonas rurais ou mal servidas, onde a relação custo-eficácia é crucial para uma adoção generalizada.

8.2.1 Questões regulamentares e de conformidade

As restrições regulamentares, a disponibilidade de espetro e a conformidade com as normas internacionais representam desafios para a implantação de antenas inteligentes a nível mundial. A coordenação da utilização do espetro, a atenuação das interferências e a garantia de conformidade com os regulamentos locais exigem um planeamento cuidadoso e a coordenação entre as partes interessadas.

8.2.2 Consumo de energia e eficiência energética

As antenas inteligentes, particularmente as utilizadas em dispositivos móveis e IoT, devem equilibrar o desempenho com a eficiência energética. Minimizar o consumo de energia, mantendo a qualidade e a cobertura ideais do sinal, é essencial para prolongar a vida útil da bateria e reduzir os custos operacionais.

8.3 Otimização do desempenho

8.3.1 Mitigação de interferências

As antenas inteligentes enfrentam desafios para atenuar eficazmente a interferência de redes vizinhas, utilizadores de co-canais e fontes ambientais. As técnicas avançadas de cancelamento de interferências, os algoritmos de formação de feixes adaptativos e as estratégias de gestão do espetro são fundamentais para otimizar a eficiência espetral e a capacidade da rede.

8.3.2 Ambientes dinâmicos

A adaptação a ambientes dinâmicos e imprevisíveis, como zonas urbanas ou veículos em movimento, coloca desafios às antenas inteligentes. A monitorização em tempo real, a formação de feixes adaptativa e os algoritmos preditivos são necessários para manter uma conetividade e um desempenho fiáveis em condições variáveis.

8.3.3 Escalabilidade e capacidade da rede

O dimensionamento de sistemas de antenas inteligentes para suportar as crescentes exigências dos utilizadores e o tráfego de dados exige uma atribuição eficiente de recursos, técnicas MIMO multiutilizador e estratégias de otimização da rede. Garantir uma integração perfeita com as redes e tecnologias existentes é essencial para alcançar uma escalabilidade e capacidade de rede robustas.

8.4 Integração e compatibilidade

8.4.1 Integração do sistema

A integração de antenas inteligentes em infraestruturas de comunicação existentes, incluindo 4G LTE e redes 5G emergentes, apresenta desafios de compatibilidade. Garantir a interoperabilidade, a compatibilidade com versões anteriores e a coexistência com sistemas legados exige interfaces, protocolos e procedimentos de teste padronizados.

8.4.2 Complexidade do hardware e do software

A complexidade das arquitecturas de hardware e software das antenas inteligentes coloca desafios de integração aos fabricantes e operadores de rede. A simplificação do design, a otimização dos algoritmos e o aproveitamento das tecnologias de rede definida por software (SDN) e de virtualização podem simplificar os processos de implementação e manutenção.

8.5 Preocupações com a segurança e a privacidade

8.5.1 Segurança do sinal

A proteção dos sistemas de antenas inteligentes contra o acesso não autorizado, a interceção de sinais e os ciberataques é fundamental para garantir a privacidade dos dados e a integridade da rede. A implementação de encriptação robusta, mecanismos de autenticação e sistemas de deteção de intrusão ajuda a reduzir os riscos de segurança e a salvaguardar informações sensíveis.

8.5.2 Regulamentos de privacidade

O cumprimento de regulamentos de privacidade rigorosos, como o GDPR na Europa ou o CCPA na Califórnia, exige que os operadores de antenas inteligentes adoptem práticas transparentes de tratamento de dados e implementem tecnologias de melhoria da privacidade. Equilibrar a recolha de dados para otimização da rede com os direitos de privacidade do utilizador continua a ser um desafio em cenários regulamentares em evolução.

8.6 Direcções futuras e tecnologias emergentes

8.6.1 Inteligência artificial e aprendizagem automática

As técnicas orientadas para a IA, incluindo a aprendizagem por reforço, a aprendizagem profunda e a rádio cognitiva, são promissoras para melhorar o desempenho e a autonomia das antenas inteligentes. Aproveitar a IA para a tomada de decisões em tempo real, a formação de feixes adaptativos e a manutenção preditiva pode otimizar a eficiência da rede e a experiência do utilizador.

8.6.2 Computação periférica e redes de nevoeiro

A integração de antenas inteligentes com arquiteturas de computação de ponta e de rede de nevoeiro permite o processamento de dados distribuídos, aplicações de baixa latência e tomada de decisões localizadas. As antenas inteligentes habilitadas para borda podem reduzir a dependência de servidores centralizados, melhorar a capacidade de resposta e oferecer suporte a aplicativos de missão crítica em IoT e automação industrial.

8.6.3 Computação quântica

A exploração do potencial da computação quântica na otimização de algoritmos de processamento de sinais, técnicas de encriptação e otimização de redes apresenta novas oportunidades para o desenvolvimento de antenas inteligentes. As antenas inteligentes com capacidade quântica poderão revolucionar a segurança das comunicações, a eficiência espetral e as capacidades computacionais.

8.6.4 Comunicações Terahertz (THz)

Os avanços na tecnologia de comunicação terahertz oferecem taxas de dados mais elevadas, maior largura de banda e menor latência em comparação com as frequências de micro-ondas tradicionais. A integração de antenas inteligentes com sistemas de comunicação THz poderá permitir redes sem fios de ultra-alta velocidade para futuras aplicações em 6G e mais além.

8.7 Impactos ambientais e sociais

8.7.1 Radiação electromagnética

A resposta às preocupações do público sobre a exposição à radiação electromagnética das antenas inteligentes requer uma comunicação transparente, investigação científica e adesão às normas de segurança regulamentares. A educação das partes interessadas e a implementação de medidas de controlo das emissões podem mitigar os riscos percebidos e promover a aceitação do público.

8.7.2 Sustentabilidade e tecnologia verde

A promoção de práticas sustentáveis na conceção, implementação e funcionamento de antenas inteligentes contribui para reduzir a pegada de carbono e o consumo de energia. A implementação de tecnologias energeticamente eficientes, a reciclagem de resíduos electrónicos e a adoção de materiais ecológicos apoiam a gestão ambiental e a responsabilidade empresarial.

8.8 Normalização e colaboração

A colaboração da indústria, os organismos de normalização (por exemplo, IEEE, 3GPP) e as instituições de investigação desempenham papéis vitais no avanço das tecnologias de antenas inteligentes. O estabelecimento de normas comuns, soluções interoperáveis e melhores práticas acelera a inovação e facilita a implantação global de sistemas de antenas inteligentes.

8.8 Parcerias público-privadas

A promoção de parcerias entre agências governamentais, universidades e partes interessadas do sector privado promove o financiamento da investigação, a transferência de tecnologia e iniciativas de desenvolvimento de políticas. As parcerias público-privadas (PPP) impulsionam os esforços de colaboração para enfrentar os desafios técnicos, os quadros regulamentares e os impactos sociais da implantação de antenas inteligentes.

8.9 Conclusão

As antenas inteligentes representam uma tecnologia transformadora nas comunicações sem fios, oferecendo maior conetividade, capacidade e experiência do utilizador em diversas aplicações. A resolução dos desafios de implantação, a otimização do desempenho, a garantia de integração e o avanço das tecnologias emergentes são cruciais para a concretização de todo o potencial dos sistemas de antenas inteligentes. A investigação futura e as iniciativas da indústria continuarão a impulsionar a inovação, a sustentabilidade e os benefícios sociais, posicionando as antenas inteligentes como componentes integrais da economia digital e das redes de comunicação da próxima geração.

Referências

[1] "Antenas inteligentes para comunicações sem fio": IS-95 and Third Generation CDMA Applications" por Joseph C. Liberti Jr. e Theodore S. Rappaport.

[2] Hu, H. T., Wu, G. B., Chan, K. F., & Chan, C. H. (2022). Antena transmitarray de filtragem polarizada dupla de banda V habilitada por uma fonte de iluminação de filtragem planar. *IEEE Transactions on Antennas and Propagation, 70*(10), 9184-9197.

[3] Ojaroudi Parchin, N., Jahanbakhsh Basherlou, H., Al-Yasir, Y. I., M. Abdulkhaleq, A., & A. Abd-Alhameed, R. (2020). Antenas reconfiguráveis: Switching techniques-A survey. *Eletrónica, 9*(2), 336.

[4] Hussain, M., Awan, W. A., Alzaidi, M. S., Hussain, N., Ali, E. M., & Falcone, F. (2023). Metamateriais e sua aplicação no aprimoramento do desempenho de antenas reconfiguráveis: Uma revisão. *Micromachines, 14*(2), 349.

[5] Winters, J. H. (1998). Antenas inteligentes para sistemas sem fios. *IEEE Personal Communications, 5*(1), 23-27.

[6] Acharya, P., Kumar, J., Dahiya, V., & Peddakrishna, S. (2022). Antena de telefone por satélite omnidirecional miniaturizada inspirada em radiador de linha de meandro e plano de terra integrado metamaterial. *International Journal of Information Technology, 14*(6), 2981-2990.

[7] Acharya, P., Kumar, J., & Dahiya, V. (2022, fevereiro). Uma antena de remendo de flor miniaturizada simples usando linhas de meandro para bandas X e K. Em *2022, 2ª conferência internacional sobre inteligência artificial e processamento de sinais (AISP)* (pp. 1-7). IEEE.

[8] Acharya, P., Kumar, J., & Dahiya, V. (2022, fevereiro). Uma antena de remendo de flor miniaturizada simples usando linhas de meandro para bandas X e K. Em *2022, 2ª conferência internacional sobre inteligência artificial e processamento de sinais (AISP)* (pp. 1-7). IEEE.

[9] "Adaptive Antennas and Phased Arrays for Radar and Communications" de Alan J. Fenn

[10] "Handbook of Antennas in Wireless Communications" editado por Lal Chand Godara.

[11] "Introdução às Antenas Inteligentes" por Constantine A. Balanis e Panayiotis I. Ioannides

Printed by Books on Demand GmbH, Norderstedt / Germany